MW00676480

Come Nutrirsi In Modo Sano Grazie All'Alimentazione Vegetale

Quali Sono i Nutrienti Essenziali Per La Vita?

Andiamo a Scoprirli Insieme!

INDICE

Mangiare sano con i cibi vegetali

Abituarsi a basare la propria dieta prevalentemente o esclusivamente sui cibi vegetali è un modo efficace e piacevole per rimanere in buona salute. Una dieta vegetariana equilibrata è realizzabile semplicemente assumendo un'ampia varietà di cibi vegetali, sani, gustosi e sazianti: cereali, legumi, verdura, frutta fresca e secca oleaginosa.

Tutti i vegetariani per definizione non mangiano carne, pesce e volatili. Quelli che includono nella dieta i derivati del latte e le uova vengono propriamente definiti latto-ovo-vegetariani, mentre quei vegetariani che escludono dalla dieta questi prodotti di origine animale indiretta vengono propriamente definiti vegani o vegetariani totali. Una dieta latto-ovo-vegetariana è vantaggiosa per la salute, ma la dieta vegana è la più sana, in quanto ha un'efficacia maggiore nel ridurre il rischio delle più comuni malattie croniche.

La salute cardiovascolare

I vegetariani hanno livelli di colesterolo nel sangue molto inferiori rispetto ai carnivori, e le malattie cardiovascolari sono poco diffuse tra i vegetariani. Le ragioni sono di non difficile comprensione: i cibi vegetali sono tipicamente poveri di grassi saturi e totalmente privi di colesterolo, che sono i fattori dietetici responsabili dell'aumento dei livelli di colesterolo nel sangue. I vegani, in particolare, seguono un dieta virtualmente priva di colesterolo, dal momento che questo grasso si trova solamente nei cibi animali come carni, latticini e uova.

Il tipo di proteine fornite da una dieta vegetariana è un altro importante aspetto vantaggioso per la salute. È stato infatti dimostrato che la sostituzione delle proteine animali con proteine vegetali è in grado di ridurre i livelli di colesterolo nel sangue, anche se non vengono modificati la quantità ed il tipo di grassi della dieta. Molti studi dimostrano che una dieta a limitato contenuto di grassi, a base vegetale, presenta vantaggi documentabili rispetto ad altri tipi di diete.

La riduzione dei valori di pressione arteriosa

Un impressionante numero di studi, a partire dagli anni '20, dimostra che i vegetariani presentano livelli di pressione arteriosa inferiori a quelli dei non-vegetariani. È stato inoltre dimostrato che l'aggiunta di carne a una dieta vegetariana aumenta in modo rapido e significativo i livelli di pressione arteriosa. Gli effetti di questo tipo di dieta sono indipendenti e si sommano a quelli della riduzione del contenuto di sodio della dieta. Quando i pazienti ipertesi adottano una dieta vegetariana, spesso sono in grado di ridurre o abbandonare i farmaci antipertensivi.

Il controllo del diabete

I più recenti studi sul diabete dimostrano che una dieta a elevato contenuto di carboidrati complessi (che si trovano solo nei cibi vegetali) e a ridotto contenuto di grassi è la migliore prescrizione dietetica per il controllo del diabete. Una dieta a base di verdura, legumi, cereali integrali e frutta fresca e secca oleaginosa, naturalmente a ridotto contenuto di grassi e zuccheri semplici, è in grado di abbattere significativamente i livelli di glicemia e spesso ridurre o persino eliminare il ricorso ai farmaci antidiabetici. Se questo effetto è spesso clamoroso nel diabete tipo 2, risulta molto utile anche nel diabete tipo 1. Sebbene infatti tutti i diabetici di tipo 1 (insulino-dipendente) dipendano dall'assunzione dell'insulina, questo tipo di dieta può permettere anche a questi pazienti di ridurre i fabbisogni di insulina. Visto poi che i diabetici presentano un rischio elevato di sviluppare malattie cardiovascolari, l'eliminazione dalla dieta di grassi e colesterolo è il principale obbiettivo della terapia dietetica del diabete, e per questo la dieta vegetariana è l'ideale.

La prevenzione dei tumori

Le diete a base di cibi vegetali possono aiutare a prevenire alcuni tipi di tumore. Gli studi condotti su popolazioni di vegetariani mostrano che i tassi di mortalità per cancro sono significativamente inferiori a quelli della popolazione generale. Il tumore della mammella ha una incidenza drammaticamente ridotta in quei Paesi dove le diete sono tipicamente basate su cibi vegetali. Quando soggetti appartenenti a queste popolazioni adottano una dieta occidentale, basata su cibi animali, l'incidenza di tumore della mammella sale alle stelle. Il consumo di carne risulta

Se stai pensando di passare a una dieta vegetariana per migliorare la tua salute, sarai felice di scoprire un altro gradevole effetto del mangiare vegetariano: è delizioso e divertente scoprire e sperimentare questi nuovi cibi. Un pasto vegetariano può essere familiare come un piatto di pasta con pomodoro e basilico, rilassante come una zuppa di legumi, o simpatico come un piatto di fagioli e radicchio rosso tipici della nostra cucina mediterranea. Il passaggio a una dieta vegetariana è ben più semplice di quel che pensi.

Molte persone, vegetariane o carnivore, di solito usano un numero limitato di ricette. Una famiglia media usa di solito al massimo una decina di piatti ciclicamente. Puoi quindi utilizzare questo metodo semplice, in 3 mosse, per passare a dei menù vegetariani gradevoli e di facile preparazione.

• Prima mossa-Aggiungi (A):
individua alcuni piatti già vegetariani che ti risultino graditi e comincia a consumarli con maggiore frequenza.

Molte minestre e zuppe appartenenti alla nostra tradizione mediterranea sono già vegetariane o possono venire facilmente adattate con pochissimi aggiustamenti (es. evitando di mettere il lardo nella pasta e fagioli e utilizzando il dado vegetale nelle minestre). Altri piatti comuni sono le verdure al vapore, il minestrone, la pasta o il riso con le verdure o i legumi.

• Seconda mossa-Sostituisci (S):
focalizzati su alcune ricette che sai già cucinare e prepara una versione vegetariana: per esempio, una pasta alla carbonara può facilmente essere trasformata sostituendo l'uovo con del tofu bianco e la pancetta con dei cubetti di seitan, e colorandola di giallo con un po' di curry o di zafferano. Lo spezzatino di carne o il ragù possono essere trasformati sostituendo la carne con spezzatino di seitan o con polpette o granulato di soia. Introduci anche questi piatti con maggior frequenza nella tua dieta.

• Terza e ultima mossa-Impara (I):
comprati un buon libro di ricette (ottimi sono *La cucina Etica* e *La cucina Diet_Etica*, editi da Sonda, che contengono moltissime ricette totalmente prive di ingredienti animali) e prova a sperimentare le ricette che più ti attirano, fino ad individuarne almeno 3-5 che più ti aggradano per gusto e semplicità di preparazione.

In questo modo, e con minimo sforzo, avrai ottenuto un assortimento di piatti vegetariani sufficiente a soddisfare il palato senza rischiare la noia. A questo punto diventerà facile anche adattare la colazione: privilegia i cereali integrali (pane o cereali germogliati o cotti), da consumare con della frutta fresca, crema di nocciole (o mandorle) o con verdura e cubetti di tofu se prevedi di saltare il pranzo. Sostituisci il latte di vacca con quello di soia o di riso. **Il passo successivo, ma indispensabile, verso il mangiar sano è quello di impegnarti a "semplificare" il più possibile i cibi che consumi, preferendo cibi allo stato naturale, "come colti" (cereali in chicco, pane e pasta integrali, legumi, verdure cotte al vapore) ai cibi vegetali "trasformati" (polpette, seitan, hamburger, wurstel, salse e condimenti vari, verdura in scatola, ecc.) che vanno limitati come abitudine o riservati alle situazioni di "emergenza".** Sapendoti organizzare è abbastanza facile preparare in poco tempo una certa quantità di legumi, cereali e verdure lessati che potranno poi servirti come base per vari piatti per più giorni successivi.

più strettamente associato con il tumore del colon di qualsiasi altro fattore di rischio dietetico.

Perché dunque le diete vegetariane aiutano a difenderci dal cancro? Innanzitutto, perché sono povere di grassi e ad elevato contenuto di fibre rispetto alle diete basate su cibi animali.

Ma ci sono altri fattori estremamente importanti: per esempio, i vegetali contengono delle sostanze naturali che aiutano a combattere il cancro, denominate fitochimiche. Inoltre, i vegetariani solitamente assumono maggiori quantità di alcuni pigmenti vegetali, il betacarotene e il lycopene, e questo può spiegare perché mostrino tassi ridotti di tumore del polmone e della prostata. Ancora, alcuni studi suggeriscono che le diete che limitano/aboliscono i derivati del latte possono ridurre il rischio di tumore della prostata e dell'ovaio. Alcuni aspetti di protezione nei confronti del cancro riferibili alle diete vegetariane non sono comunque ancora stati chiariti completamente. Per esempio, non è stato ancora completamente scoperto il motivo per il quale i vegetariani dispongano di un maggior numero di cellule della serie bianca, chiamate "natural killer ", che sono in grado di riconoscere e distruggere le cellule cancerose.

La questione del calcio

I vegetariani sono a rischio ridotto di formazione di calcoli del rene e della colecisti. Inoltre, l'assunzione di calcio a partire dai cibi vegetali è migliore e questo, unitamente alla presenza di sostanze protettive per l'osso contenute nei cibi vegetali, protegge i vegetariani dal rischio di osteoporosi. Ciò spiegherebbe il perché individui che risiedono in Paesi ove tipicamente la dieta è a base di cibi vegetali manifestino bassi tassi di osteoporosi anche quando l'assunzione di calcio è inferiore a quella dei Paesi dove si consumano latticini.

Organizzare una dieta vegetariana

È semplice organizzare una dieta vegetariana che soddisfi senza problemi i fabbisogni dei vari nutrienti. Cereali, legumi e verdura sono ricchi di proteine e ferro. I fagioli, le lenticchie, il tofu, le verdure a foglia verde, la frutta secca e la frutta seccata (fichi, uva sultanina, albicocche, ecc.) costituiscono eccellenti fonti di calcio, come del resto i vari tipi di latte vegetale e i succhi di frutta addizionati con calcio. La vitamina D è prodotta dall'organismo per azione della luce solare sulla pelle, ma anche chi si espone regolarmente al sole può avere necessità di assumere questa vitamina a partire da un integratore, poiché non è fornita dal cibo (in qualsiasi tipo di dieta).

L'assunzione regolare di vitamina B12 è molto importante in ogni fase della vita, particolarmente nelle donne in gravidanza e in allattamento. La vitamina B12 si trova ormai in molti cibi vegetali addizionati, come per esempio i cereali per la colazione e i prodotti a base di soia, ma è più affidabile ricavarla da un integratore. Sebbene la carenza di vitamina B12 non dipenda solo dal suo apporto dietetico, va sempre presa in considerazione soprattutto nei vegetariani, che dovrebbero accertarsi di includere buone fonti di questa vitamina nella dieta.

Nelle etichette va ricercato il termine "cianocobalamina", che è la forma di vitamina B12 utilizzata dall'uomo.

SUGGERIMENTI PER PASSARE A UNA DIETA VEGETARIANA

- I cibi pronti permettono di risparmiare tempo, tuttavia non devono essere consumati regolarmente, soprattutto quelli più trasformati. Prodotti come verdure in scatola, minestre pronte, riso e pasta precotti sono anche ricchi di conservanti, grassi e sale, o, nel migliore dei casi, semplicemente impoveriti di fibre, minerali e vitamine che si trovano in abbondanza nei prodotti non trasformati dall'industria alimentare.

- Nei negozi biologici o nello scaffale dei cibi biologici di alcuni supermercati è disponibile un buon assortimento di zuppe pronte di legumi, cereali e verdure, che spesso non necessitano nemmeno di ammollo e possono essere preparate in pentola a pressione in 20-30 minuti.

- Una soluzione rapida possono essere anche le verdure surgelate o le crocchette e gli hamburger vegetali, mentre i prodotti derivati dalla soia (tofu, tempeh) possono costituire un ottimo sostituto dei formaggi e una buona fonte di calcio e proteine.

- In generale, comunque, puoi preparare una certa quantità di cibo che può servire come riserva per 2-3 giorni: legumi lessati, ammollati la notte precedente e cucinati per 20-40 minuti in pentola a pressione; cereali in chicco (orzo, farro, kamut, segale, avena, quinoa, ecc.), che possono costituire la base per insalate e contorni e si preparano in meno di mezz'ora (in 2 parti di acqua); verdura, è importante consumarla sia cruda che cotta ma ancora croccante, al vapore, al forno oppure lessata in poca acqua. Tutti i cibi vegetali, solitamente, non necessitano di grande sorveglianza durante la cottura, quindi la preparazione dei pasti non ti impegnerà molto.

- Un buon primo piatto può diventare anche un veloce piatto unico, al quale affiancare solo del pane e della frutta: un risotto con il riso integrale si cucina in 45 minuti (in 2 parti di acqua fredda) e non è necessario mescolarlo continuamente durante la cottura come per il risotto tradizionale; una buona pasta con le verdure si prepara in meno di mezz'ora; una minestra di legumi si può preparare in pentola a pressione in 20 minuti, dopo qualche ora di ammollo preventivo.

- Richiedi al ristorante piatti vegetariani. Qualunque ristorante che meriti questo nome è in grado di preparare una pasta con le verdure o al pomodoro e un piatto di verdure cotte e crude. Rifiuta la soluzione di ripiegare su un piatto di formaggi assortiti ma piuttosto insisti per ottenere dei legumi. Accertati che il cibo che ti viene servito non sia stato cotto con oli di arrosti di carne, con burro o su piastre per le carni (l'odore è inconfondibile, lo riconoscerai sicuramente). Fa presente con gentilezza al cameriere, quando viene a richiedere la consumazione, le tue esigenze e spiega con pazienza le tue richieste. Se sei a cena con altre persone non vegetariane, chiedi la cortesia di essere servito assieme agli altri, in modo da poter consumare il pasto in compagnia. I ristoranti che offrono già un'ampia scelta di piatti vegetariani nei loro menù sono, oltre ai nostri ristoranti italiani, quelli arabi e indiani.

- I voli aerei forniscono l'opzione vegetariana, purché richiesta al momento della prenotazione del volo. Se ti affidi a un tour operator, comunicagli le tue richieste al momento della prenotazione del pacchetto turistico.

- In pizzeria, ordina una pizza senza mozzarella o altri formaggi, ma con una montagna di verdure e frutta secca.

- Acquista un buon libro di cucina e comincia a sperimentare nuove ricette vegetariane, prendendo così confidenza con ingredienti nuovi.

7

- Se ti piace il barbecue all'aperto, prova il seitan alla piastra, i wurstel di seitan o la verdura alla griglia come ad esempio le melanzane, le zucchine, i peperoni, la zucca, il radicchio rosso.
- Se hai l'abitudine di portarti un panino al lavoro, preparalo con tofu, verdure o affettato di seitan. Non dimenticare di accompagnarlo con della verdura fresca (sedano, carote) e della frutta.
- Spesso i piatti meno elaborati sono anche quelli più gustosi: una pasta con le verdure avanzate dal pasto precedente o semplicemente del riso integrale lessato e preparato con un po' d'olio e della frutta secca macinata, ed una spolverata di erbe aromatiche sono già un piatto delizioso.
- Sperimenta nuovi gusti utilizzando ingredienti di fantasia come la scorza di limone grattugiata, l'uva sultanina, la frutta secca, pezzi di mela, su riso, pasta e cereali in chicco. Condisci cereali, legumi e verdura con semi di sesamo, zucca o girasole macinati, o con lievito in scaglie.
- Utilizza il latte di soia e di riso per la colazione e la panna di soia (con moderazione) per la preparazione di alcune salse e condimenti.
- In viaggio, portati come snack qualche panino, barre di cereali, verdura e frutta fresca, fette biscottate o gallette e succhi di frutta.
- Prendi l'abitudine di condire le verdure con il limone, bere piccole quantità di acqua e limone o di consumare agrumi a pasto: aumenterai in questo modo moltissimo l'assorbimento del ferro a partire dai cibi vegetali!
- Bevi molta acqua, almeno 1 litro e mezzo al giorno; le acque a elevato contenuto di calcio (oltre 300 mg/L) e povere di sodio (inferiore a 50 mg/L) costituiscono un'ottima fonte di calcio supplementare facilmente assimilabile, da consumare fuori pasto.

● Il mito delle proteine

In passato, si pensava che fosse molto difficile assumere abbastanza proteine da poter soddisfare i fabbisogni necessari all'organismo.

All'inizio dello scorso secolo, per esempio, agli Americani si raccomandava di assumere oltre 100 grammi di proteine al giorno. E negli ultimi decenni le persone che vogliono restare in forma vengono incoraggiate ad aumentare la quantità di proteine nella dieta. Sono diventati molto popolari alcuni libri che propagandano le diete iperproteiche come un modo semplice ed efficace per perdere peso, sebbene ormai nella dieta Occidentale le proteine rappresentino più del doppio della quantità giornaliera necessaria. Le persone che aderiscono a questo tipo di diete riescono a ottenere una riduzione del peso corporeo solo transitoria, ma sono spesso ignare dei rischi per la salute che derivano dall'eccesso di proteine nella dieta. Non sanno di andare incontro a un rischio aumentato di sviluppare osteoporosi, malattie e calcoli renali, obesità, arteriosclerosi e alcuni tipi di cancro.

I mattoni della vita
Le proteine vengono prodotte dal nostro organismo a partire dagli aminoacidi, che, a loro volta, derivano dalle proteine del cibo. Una dieta variata a base di legumi, cereali, frutta e verdura contiene tutti gli aminoacidi essenziali.

Si credeva un tempo che fosse necessario assumere i vari cibi vegetali contemporaneamente nello stesso pasto, per riuscire a ricavare tutti gli aminoacidi essenziali, ma ormai la ricerca moderna ha dimostrato che questo non è vero. Molti autorevoli studiosi di nutrizione, ivi inclusi l'Academy of Nutrition and Dietetic USA (ex American Dietetic Association), sostengono che il fabbisogno di proteine può essere soddisfatto facilmente consumando un'ampia varietà di fonti proteiche vegetali nell'arco della giornata. È semplicemente necessario rispettare il fabbisogno di calorie per essere certi di garantire all'organismo la quantità di proteine necessaria.

Conseguenze dell'eccesso di proteine animali nella dieta
La dieta occidentale media contiene carni e derivati del latte, che sono responsabili di una eccessiva assunzione di proteine, fatto che può causare seri problemi per la salute. Ecco i principali:

Malattie renali: chi assume troppe proteine, assume anche troppo azoto, sottoponendo il rene a un superlavoro per eliminarne l'eccesso con le urine. Alla lunga, questa situazione danneggia il rene, tanto che a chi soffre di malattie renali viene consigliato di seguire diete a basso contenuto di proteine. Queste diete sono in grado di ridurre e il lavoro del rene, rallentando il peggioramento dell'insufficienza renale, e sono egualmente in grado di proteggere un rene sano dal rischio di ammalare.

Cancro: sebbene i grassi siano i costituenti della dieta ritenuti maggiormente responsabili di aumentare il rischio di cancro, anche le proteine hanno le loro responsabilità. Le persone che mangiano carne con regolarità sono a rischio aumentato per tumore del colon, e gli studiosi sostengono che i grassi, le proteine, i carcinogeni naturali e quelli prodotti dalla trasformazione e cottura della carne, nonché l'assenza di fibre siano tutti parte in causa. Nel 1997, il report "Alimenti, nutrizione e prevenzione del cancro" a firma delle due principali organizzazioni americane per la ricerca sul cancro, segnalava che le diete iperproteiche, a base di carne, sono state messe in relazione con alcuni tipi di tumore.

Calcoli renali: le diete ricche di proteine, soprattutto se di origine animale, sono riconosciute responsabili di un'aumentata escrezione di calcio con le urine, che favorisce la formazione di calcoli renali. Un vecchio studio condotto in Inghilterra aveva dimostrato che aggiungendo a una dieta normale circa 150 grammi di pesce (pari a circa 35 grammi di proteine), il rischio di produrre calcoli nelle vie urinarie aumentava del 250%. A lungo si è inoltre stati convinti che gli atleti richiedessero molte più proteine degli individui normali. In realtà, gli atleti necessitano solo di un po' più di proteine, che sono facilmente ricavabili dalla maggior quantità di cibo necessaria per soddisfare le loro aumentate richieste energetiche. Le diete vegetariane sono eccezionali per gli atleti.

Per consumare una dieta che contenga abbastanza - ma non troppe - proteine, basta solamente sostituire i cibi di origine animale con cereali, legumi, frutta fresca, frutta secca e semi oleaginosi e verdura.
Semplicemente introducendo le calorie richieste a partire da una varietà di cibi vegetali, l'organismo ha la garanzia di ricevere tutte le proteine necessarie.

● Il calcio nelle diete vegetariane

In molti hanno scelto di eliminare il latte dalla dieta, a causa del suo alto contenuto di grassi saturi, colesterolo, proteine che innescano allergie, lattosio, e contaminanti. L'assunzione di latte è pure correlata al diabete mellito di tipo 1, e ad altre serie malattie. Fortunatamente, la Natura ci ha messo a disposizione moltissime altre buone fonti di calcio. In alcune culture il consumo di latte è sconosciuto, e questi popoli tipicamente assumono in media meno di 500 milligrammi di calcio al giorno. Nonostante ciò, queste popolazioni evidenziano bassi tassi di osteoporosi. Molti ricercatori sostengono che l'esercizio fisico e altri fattori influenzino maggiormente la comparsa di osteoporosi di quanto non sia in grado di fare la sola quantità di calcio della dieta.

Il calcio nell'organismo

Quasi tutto il calcio dell'organismo è contenuto nell'osso, che è la banca del calcio. Nel sangue è presente una piccola quantità di calcio, indispensabile per importantissime funzioni quali la contrazione dei muscoli scheletrici e del muscolo cardiaco, e la trasmissione degli impulsi nervosi.
Il calcio viene perso continuamente attraverso le urine, le feci e il sudore, e queste perdite vengono compensate dall'organismo semplicemente aumentando le assunzioni intestinali del calcio alimentare. Il fabbisogno di calcio cambia nel corso del ciclo vitale. Durante l'infanzia e l'adolescenza è estremamente importante garantire adeguate assunzioni di calcio.
Fino ai 30 anni circa, le perdite di calcio sono generalmente inferiori alle quantità assunte. Dopo questa età, l'organismo entra in una situazione di "bilancio negativo del calcio", il che significa che l'osso inizia a perdere più calcio di quello che riesce a fissare. Quando viene perso troppo calcio, l'osso diventa fragile od "osteoporotico".
Il ritmo al quale il calcio viene perduto dipende soprattutto da alcune abitudini dello stile di vita.

Come ridurre le perdite di calcio

Ecco i principali fattori che condizionano le perdite di calcio dall'organismo:

- La caffeina, diete ricche di sodio e il fumo aumentano le perdite di calcio.
- L'alcol inibisce l'assorbimento intestinale di calcio.
- L'esercizio fisico rallenta la perdita di tessuto osseo ed è uno dei più importanti fattori per la salute dell'osso.

- La luce solare permette alla nostra pelle di produrre la vitamina D necessaria a fissare il calcio nell'osso.
- Mangiare regolarmente grandi quantità di frutta e verdura aiuta a mantenere il calcio nell'osso.
- Assumere buone fonti vegetali di calcio, soprattutto legumi e verdura a foglia verde, permette di fornire all'osso il calcio necessario.

Le fonti di calcio

L'esercizio fisico e una dieta a moderato contenuto di proteine aiutano a mantenere forti le ossa. Chi assume diete basate prevalentemente su cibi vegetali e conduce una vita attiva, probabilmente ha un fabbisogno di calcio inferiore a quello raccomandato. Il calcio è comunque un nutriente essenziale per tutti, ed è importante assumere regolarmente cibi ricchi di calcio. Nell'elenco che segue, è riportato il contenuto medio di calcio per 100 grammi di alimento. Basta uno sguardo veloce per capire quanto sia facile, con un po' di attenzione, assumere tutto il calcio necessario.

Le acque minerali a elevato contenuto di calcio (oltre 300 mg/L) e povere di sodio (inferiore a 50 mg/L) costituiscono un'ottima fonte di calcio supplementare facilmente assimilabile. L'assunzione di 1.5-2 litri di acqua al giorno, preferibilmente fuori pasto, fornisce una quantità di calcio di almeno 450-600 mg.

CONTENUTO DI CALCIO
negli alimenti vegetali (mg in 100 g di alimento al netto degli scarti)

CEREALI	
Panini al latte, Latte di riso addizionato di calcio (Rys)*	130-120
Pane al malto, Grano saraceno, Crusca di frumento, Muesli, Pangrattato, Biscotti per l'infanzia	110-104
Croissants, Farina d'avena, Pane di segale, Cornflakes, Biscotti wafers, Germe di frumento	80-72
Riso parboiled crudo, Fette biscottate, Fiocchi d'avena	60-54
Farro, Farina d'orzo, Frumento tenero	43-35
Riso integrale crudo, Frumento duro, Farina di frumento integrale	32-28
Pane di tipo integrale, Riso brillato crudo, Pizza con pomodoro, Biscotti secchi, Pasta di semola cruda, Pasta all'uovo secca cruda, Pane formato rosetta, Pizza bianca	25-20
Riso parboiled cotto, Farina di frumento tipo 0, Pane di tipo 0, Farina di frumento tipo 00, Miglio decorticato	19-17
Mais, Pane di tipo 00, Orzo perlato, Grissini	15-13

LEGUMI	
Soia secca	257
Farina di soia	210
Tofu (Taifun)*	159
Ceci secchi crudi, Fagioli crudi, Fagioli Cannellini secchi crudi	142-132
Latte di soia addizionato con calcio (Provamel)*	120
Fagioli Borlotti secchi crudi, Tempeh**, Fave secche sgusciate crude	102-90
Ceci secchi cotti, Lenticchie secche crude, Fagiolini surgelati cotti	58-56
Piselli secchi, Fagioli Cannellini secchi, Fagioli Borlotti secchi cotti, Lupini ammollati, Piselli freschi crudi, Fagioli Borlotti freschi crudi, Ceci in scatola scolati	48-43
Piselli in scatola scolati, Fagioli Cannellini in scatola scolati, Fagioli dall'occhio secchi	42-37
Fagiolini freschi crudi, Fagioli Borlotti in scatola scolati, Lenticchie secche cotte, Lenticchie in scatola scolate	35-27
Fave fresche cotte, Fave fresche crude, Piselli surgelati	26-20

VERDURA	
Salvia	600
Pepe nero	430
Rosmarino	370
Tarassaco o dente di leone, Rughetta o rucola	316-309
Basilico, Prezzemolo, Menta	250-210
Spinaci surgelati, Foglie di rapa, Cicoria da taglio	170-150
Agretti, Bieta cotta, Radicchio verde	131-115
Broccoletti di rapa crudi, Cardi crudi, Indivia, Carciofi crudi	97-86
Spinaci crudi, Cicoria di campo cruda, Cavolo broccolo verde ramoso crudo	78-72
Bieta cruda, Cavolo cappuccio verde, Cavolo cappuccio rosso	67-60
Porri crudi, Lattuga a cappuccio, Sedano rapa, Cipolline crude, Cavoli di bruxelles crudi	54-51
Germogli di soia, Lattuga da taglio, Finocchi crudi, Lattuga, Cavolfiore crudo, Carote crude	48-44
Rape crude, Ravanelli, Fiori di zucca, Radicchio rosso	40-36
Sedano crudo, Patatine fritte in busta, Broccolo a testa crudo, Pomodori conserva, Vegetali misti surgelati (piselli, mais, carote, fagioli), Asparagi di campo crudi, Asparagi di bosco, Cipolle crude, Asparagi di serra, Tartufo nero, Funghi porcini, Zucchine crude, Barbabietole rosse crude, Zucca gialla	31-24
Peperoncini piccanti, Cicoria witloof o indivia belga, Peperoni, Funghi ovuli, Cetrioli, Passata di pomodori	18-16
Aglio, Melanzane crude, Pomodori da insalata, Patate, Succo di pomodori	14-10
FRUTTA FRESCA, SECCATA E FRUTTA SECCA	
Tahin di sesamo (Rapunzel)*	816
Mandorle dolci secche	240
Fichi secchi	186
Nocciole secche	150
Crema di nocciole (Rapunzel)*, Noci, Pistacchi	133-131
Albicocche disidratate, Noci secche	86-83
Uva secca, Olive da tavola conservate	78-70
Albicocche secche, Arachidi tostate, Olive verdi	67-64
Olive nere, Pesche disidratate, Prugne secche, Ciliege candite, Castagne secche	62-56
Arance, Lamponi, Pesche secche	49-48
Fichi, Mirtilli, Mele disidratate, Pinoli	43-40
Mora di rovo, Fragole, Mandarini, Clementine, Mandaranci, Castagne, Ciliege	36-30
Uva, Kiwi, Cocco essiccato	27-23
Pompelmo, Ananas, Albicocche, Nespole, Limoni	17-14

Fonte: Istituto Nazionale di Ricerca per gli Alimenti e la Nutrizione (INRAN). Tabelle
di Composizione degli Alimenti, aggiornamento 2000, ©INRAN 2000, EDR
* valore riportato dal produttore   ** http://www.ag.uiuc.edu/~food-lab/nat/mainnat.html

● Il ferro nelle diete vegetariane: carne o spinaci?

Si fa un gran parlare di rischio di carenza di ferro nelle diete vegetariane. La quantità di ferro assunto con la dieta è più elevata nei vegani rispetto ai latto-ovo-vegetariani e ai non-vegetariani, e nei latto-ovo-vegetariani rispetto ai non-vegetariani. Sebbene gli adulti vegetariani presentino più bassi depositi di ferro rispetto ai non-vegetariani, i loro livelli ematici di ferritina si collocano usualmente all'interno dei valori di normalità.

Anche se alcuni studi riportano un aumentato rischio di anemia da carenza di ferro nei vegetariani, altri studi smentiscono questi dati, e riportano come l'incidenza di questo tipo di anemia sia sovrapponibile a quella verificata tra i non-vegetariani, e non trovano associazioni rilevanti tra dieta e stato del ferro: il fatto è che l'anemia da carenza di ferro è la più comune malattia carenziale nel mondo, colpendo circa 500 milioni di persone, pari al 15% della popolazione mondiale. Di queste, il 25% sono bambini, il 20% donne, il 50%

donne in gravidanza, e il 3% uomini. La sua incidenza negli atleti è pure elevata.

Il ferro eme costituisce solo il 40% del ferro delle carni, mentre il ferro non-eme costituisce il 60% del ferro contenuto nelle carni e la quasi totalità del ferro contenuto nei vegetali. A differenza del ferro eme, più facilmente assorbito, il ferro in forma non-eme è molto più sensibile sia alle sostanze e alle pratiche che *inibiscono* (fitati; calcio; tè; alcune tisane; caffè; cacao; alcune spezie; fibre; calcio da latte e derivati) che a quelle che *facilitano* (vitamina C ed altri acidi organici presenti nella frutta e nella verdura; lievitazione, germogliazione e fermentazione; ammollo precottura) l'assorbimento del ferro a partire dal cibo.

L'assorbimento del ferro varia tra il 2%-20% per il ferro non-eme, a circa il 20% del ferro eme.

Per questo, anche se le perdite di ferro dell'organismo sono solo di 1 mg per l'uomo adulto e la donna in postmenopausa, e 1.5 per la donna fertile, la quantità

CONTENUTO DI FERRO
negli alimenti vegetali e in alcune carni (mg in 100 g di alimento al netto degli scarti)

Alimento	mg
Cacao amaro in polvere	14.3
Crusca di frumento	12.9
Germe di frumento	10.0
Fagioli borlotti, Fagioli dall'occhio e canellini, Lenticchie	9.0-8.0
Radicchio verde, Pistacchi	7.8-7.3
Soia, Ceci, Pesche secche, Anacardi	6.9-6.0
Muesli, Lupini, Albicocche disidratate e secche, Rucola, Fave, Cioccolato fondente	5.6-5.0
Piselli, Farina d'avena, Grano saraceno	4.5-4.0
Carne di cavallo	*3.9*
Prugne secche, Fette biscottate, Frumento duro	3.9-3.6
Olive, Arachidi tostate, Pesche disidratate, Miglio, Frumento tenero, Nocciole e Uva secca	3.5-3.3
Agnello cotto	*3.2*
Farina di frumento integrale, Mandorle, Fichi secchi, Riso parboiled, Spinaci	3.0-2.9
Daino e Faraona	*2.8*
Datteri, Noci, Pane integrale, Mais	2.7-2.4
Vitello	*2.3*
Vitellone, Maiale, Tacchino, Gallina	*1.9-1.6*

Fonte: Istituto Nazionale di Ricerca per gli Alimenti e la Nutrizione (INRAN).
Tabelle di Composizione degli Alimenti, aggiornamento 2000, ©INRAN 2000, EDRA.

di ferro raccomandata, da introdurre giornalmente con una dieta onnivora per rimpiazzare queste perdite, è di gran lunga superiore, rispettivamente 10 mg e 18 mg, mentre per la donna in gravidanza è di 27 mg al dì. Inoltre, le quantità raccomandate di ferro nei vegetariani che non si curano di aumentare l'assorbimento del ferro vegetale sono 1.8 volte quelle dei non-vegetariani, proprio a causa della più bassa biodisponibilità del ferro a partire da una dieta vegetariana.

Frattaglie e molluschi esclusi, che solitamente non rappresentano un componente fisso della nostra dieta giornaliera, al primo posto tra i cibi ricchi di ferro vengono i legumi secchi, seguiti dai cereali. La tabella di pagina 13 riporta sommariamente il contenuto di ferro in alcuni cibi: per confronto vengono riportate anche alcune carni, così ciascun lettore può rendersi conto autonomamente di quanto infondate siano le notizie allarmistiche su questo tema.

Come emerge chiaramente dalla tabella a pag. 13, ad eccezione delle poche presenti nella lista, le verdure non costituiscono per il ferro, diversamente che per il calcio, una buona fonte alimentare (a parte alcune erbe e spezie, che si usano in piccole quantità ma che hanno un contenuto di ferro che nulla ha da invidiare a quello delle frattaglie).

Gli spinaci, in particolare, non rappresentano certo il modello ottimale di alimento vegetale ricco di ferro: si collocano in bassa posizione per il contenuto, e sono inoltre estremamente ricchi di fitati e ossalati, che tendono a catturare il ferro riducendone l'assorbimento. Questo forse non era noto al padre di Popeye (Braccio di Ferro), quando ha ideato il suo eroe e ha fatto degli spinaci il simbolo del ferro.

Invece il ferro va cercato in altri cibi vegetali che, soprattutto se assunti assieme a un po' di limone o un succo d'agrumi, sono in grado di fornirne senza alcun problema tutta la quantità necessaria!

● Qualche riflessione sul latte

Il latte è l'alimento ideale, ma solo per il lattante. Di seguito sono elencati alcuni problemi correlati al consumo di latte in adulti e bambini.

Carenza di ferro: il latte ha un bassissimo contenuto di ferro (0.2 mg/100 mg di latte). In aggiunta, il latte è responsabile di perdite di sangue dal tratto intestinale, che contribuiscono a ridurre i depositi di ferro dell'organismo.

Diabete: su 142 bambini diabetici presi in esame in uno studio, il 100% presentava nel sangue livelli elevati di un anticorpo contro una proteina del latte vaccino. Si ritiene che questi anticorpi siano gli stessi che distruggono anche le cellule pancreatiche produttrici di insulina.

Calcio: la verdura a foglia verde, come la rucola e il radicchio, è una fonte di calcio altrettanto valida, se non addirittura migliore, del latte.

Contenuto di grassi: ad eccezione di quello scremato, il latte e i prodotti di sua derivazione sono ricchi di grassi saturi e colesterolo, che favoriscono l'insorgenza di arteriosclerosi.

Vediamo il contenuto di grassi di alcuni latticini, calcolato in percentuale delle calorie totali:

Contaminanti: il latte viene frequentemente conta-

CONTENUTO DI GRASSI DEI LATTICINI
in percentuale delle calorie totali

Alimento	Grassi
Latte intero	50%
Latte parzialmente scremato (1.6%)*	31%
Formaggio Emmenthal	68%
Burro	100%

* 1.6 % si riferisce infatti solo al peso dei grassi
Fonte: Istituto Nazionale di Ricerca per gli Alimenti e la Nutrizione (INRAN). Tabelle di Composizione degli Alimenti, aggiornamento 2000, ©INRAN 2000, EDRA.

minato con antibiotici, ormoni della crescita, oltre che con gli erbicidi e i pesticidi veicolati dal foraggio. Inoltre i trattamenti di sterilizzazione permettono in realtà la sopravvivenza nel latte di germi, e la Direttiva Europea 92/46/CE stabilisce un limite non superiore ai 100 mila germi per mL. La stessa Direttiva ammette anche un contenuto non superiore a 400 mila per mL di "cellule somatiche", il cui nome comune è "pus".

Lattosio: i tre quarti degli abitanti del Pianeta sono incapaci di digerire lo zucchero del latte, il lattosio, con conseguenti coliche addominali, gas e diarrea. Il lattosio, poi, se viene digerito, libera il galattosio, un monosaccaride che è stato messo in relazione con il tumore dell'ovaio e la cataratta.

Allergie: il latte è uno dei maggiori responsabili di allergie alimentari: durante la sua digestione, vengono rilasciati oltre 100 antigeni (sostanze che innescano le allergie). Spesso i sintomi sono subdoli e non vengono attribuiti direttamente al consumo di latte, ma molte persone affette da asma, rinite allergica, artrite reumatoide, migliorano smettendo di assumere latticini.

Coliche del lattante: le proteine del latte causano coliche addominali, un problema che affligge un lattante su cinque, perché se la madre assume latticini, le proteine del latte vaccino passano nel latte materno. In 1/3 dei lattanti al seno affetti da coliche, i sintomi sono scomparsi dopo che la madre ha smesso di assumere questi cibi.

È posizione dell'Academy of Nutrition and Dietetics che le diete vegetariane correttamente pianificate, comprese le diete totalmente vegetariane o vegane, sono salutari, nutrizionalmente adeguate e possono apportare benefici per la salute nella prevenzione e nel trattamento di alcune patologie. Queste diete sono adatte in tutti gli stadi del ciclo vitale, inclusi la gravidanza, l'allattamento, la prima e la seconda infanzia, l'adolescenza, l'età adulta, per gli anziani e per gli atleti.

Position Paper sulle Diete Vegetariane dell'Academy of Nutrition and Dietetics, 2016

Qualche idea per deliziosi menù senza latte

Se vuoi capire quanto i latticini contribuiscano ai tuoi problemi dermatologici o di allergia, asma, gas, diarrea o stitichezza, oppure se vuoi semplicemente sperimentare come il tuo corpo reagisce all'eliminazione del latte, fai una prova di sole 3 settimane. Questo è infatti il tempo necessario per eliminare o per creare un'abitudine. In questo breve lasso di tempo, molte persone trovano grandi benefici, come per esempio una riduzione dei livelli di colesterolo nel sangue, una perdita di qualche chilo, e soprattutto sollievo da emicrania, allergie, asma, cattiva digestione o problemi gastrici. Molti piatti possono facilmente essere realizzati senza latte, semplicemente eliminando questo ingrediente oppure sostituendolo con il latte di soia. I menù che ti presentiamo qui sotto sono ricchi di calcio, ma non contengono una sola goccia di latte!

Menu 1

Colazione
Cereali cotti con uva sultanina e pezzi di banana;
Latte di soia addizionato con calcio e B12;
Pane con crema di mandorle;
Macedonia di frutta con limone.
Snack
Succo di frutta addizionato; Fichi secchi.
Pranzo
Insalata di fagioli con pomodoro, rucola, noci e limone;
Melanzane alla griglia con tofu;
Pane integrale;
Carote grattugiate condite con
1 cucchiaino di olio di lino.
Snack
Pane con crema di mandorle;
Macedonia di frutta;
Cena
Pasta con broccoli e semi di sesamo macinati
e una spolverata di alghe.
Patate al forno;
Cicoria lessa condita con limone
e 1 cucchiaino di olio di lino.
1 mela
Snack
Frappè di frutta; Pezzetti di tempeh.

Menu 2

Colazione
Pane con crema di nocciole;
Succo di frutta addizionato con calcio;
Frutta fresca.
Snack
Latte di soia al cioccolato con mandorle;
Biscotti integrali biologici.
Pranzo
Pasta e fagioli, con una spolverata di alghe
e di lievito in scaglie;
Fagiolini lessi con 1 cucchiaino
di olio di lino e limone.
Snack
Cracker con fettine di tofu;
Frutta.
Cena
Riso integrale con verdure miste
al vapore (cavolo, verza) e olive;
Peperoni con sedano e cipolla crudi,
conditi con 1 cucchiaino di olio di lino e limone.
Snack
Fichi secchi con tisana al limone;
Cracker con tahin di sesamo.

Concepito con criteri semplici, il PiattoVeg rappresenta non solo una proposta di Linee Guida italiane per una corretta alimentazione vegetariana, ma uno strumento che può essere utilizzato da chiunque voglia adottare abitudini alimentari sane.

Ne riportiamo di seguito una sintesi adattata agli scopi divulgativi di questa pubblicazione.

Le informazioni presenti ti permetteranno di conoscere quali sono i cibi più sani e come mantenerti in salute rispettando il tuo corpo.

Il PiattoVeg è formato da 6 gruppi alimentari: cereali; cibi proteici (legumi e altri cibi ricchi di proteine); verdura; frutta; frutta secca e semi oleaginosi; grassi. Il numero minimo di porzioni dipende dal fabbisogno calorico giornaliero individuale.

Sono inoltre disponibili delle raccomandazioni particolari che riguardano il fabbisogno specifico di nutrienti quali il calcio (in tabella i cibi ricchi di calcio sono contrassegnati con un asterisco) e la vitamina D, la vitamina B12 e gli acidi grassi omega-3.

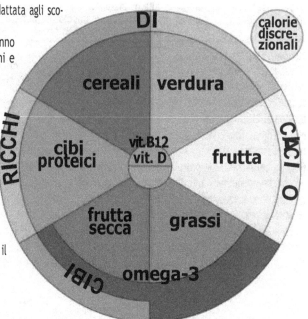

DIMENSIONE DI UNA PORZIONE DEI VARI CIBI DEL PIATTOVEG

CEREALI	Pane, pop-corn, cereali pronti per colazione (arricchiti con calcio*): 30 g; cracker integrali: 5 cracker; pasta, bulgur, cous-cous cereali in chicco (riso, orzo, mais, frumento, farro, grano saraceno, kamut, avena, segale, miglio, quinoa): cotti, 80 g; crudi, 30 g; latte di riso (arricchito con il calcio*): 200 mL.
CIBI RICCHI DI PROTEINE	Legumi: cotti 80 g, crudi 30 g (se fagioli di soia, *); Tofu* o tempeh*: 80 g; Cibi a base di glutine di frumento in combinazione o meno con soia o farina di legumi: 30 g; Latte di soia (se arricchito con calcio, **): 200 ml; Yogurt di soia: 125 ml; Latte vaccino**: 200 ml; Yogurt vaccino*: 125 ml; Formaggio*: 30 g; Uovo: non più di 1-2 la settimana.
VERDURA	Verdura cotta e cruda (rucola*, foglie di rapa*, cicoria*, cardi*, broccolo*, carciofo*, radicchio*, indivia*): 100 g; succo di verdura: 100 mL.
FRUTTA	1 frutto medio (150 g); frutta cotta o a pezzetti: 150 g; frutta fresca essiccata: 30 g; 5 fichi* (freschi o secchi); succo di frutta (fortificato con calcio*): 150 mL.
FRUTTA SECCA e SEMI OLEAGINOSI	Crema di frutta secca: 30 g; Crema di semi: 30 g (ricchi di calcio: mandorle*, tahin di sesamo*); Frutta secca o semi: 30 g (ricchi di calcio: mandorle*, sesamo*)
GRASSI	Olio, (maionese e margarine morbide): 5 g.

Nota: ricordiamo che i prodotti animali come latte e derivati e uova non sono necessari per raggiungere l'adeguatezza nutrizionale della dieta, e nella dieta ottimale è consigliabile non consumarli.

I CINQUE GRUPPI ALIMENTARI

CEREALI INTEGRALI

Questo gruppo include pane, pasta, riso, cereali per colazione, frumento, mais, miglio, orzo, avena, segale, farro, grano saraceno, kamut, quinoa, bulgur, cous-cous, fette biscottate, grissini e cracker. Anche il latte di riso appartiene a questo gruppo. Ogni pasto va costruito "intorno" ad un bel piatto di cereali integrali: sono ricchi di fibre, carboidrati complessi, proteine, vitamina B, E, ferro e zinco.

CIBI RICCHI DI PROTEINE

I cibi ricchi in proteine sono un gruppo piuttosto eterogeneo che include i legumi ma anche tutti i prodotti a base di soia (latte e yogurt di soia, tofu, tempeh, proteine vegetali ristrutturate) e di glutine di frumento (seitan) e le loro combinazioni (burger e polpette vegetali, affettati vegetali, ecc.). Forniscono anche altri importanti nutrienti quali minerali, fibre, vitamine e acidi grassi essenziali.

VERDURA

La verdura è ricca di nutrienti e di sostanze protettive per la salute: vitamina C, betacarotene, lycopene, riboflavina, ferro, calcio, fibre, e altri nutrienti. Le verdure a foglia verde scuro e le crucifere (broccoli, cavoli) sono fonti particolarmente ricche di questi importanti nutrienti. Le verdure giallo scuro o arancio sono ricche di beta-carotene. Inserisci porzioni generose e variate di verdura nella tua dieta.

FRUTTA FRESCA E SECCATA

La frutta è ricca di fibre, vitamina C e betacarotene. Premurati di includere almeno 1 porzione di frutta ricca di vitamina C (agrumi, meloni, fragole) al giorno. Preferisci la frutta intera ai succhi, che sono deprivati di fibre.

FRUTTA SECCA E SEMI OLEAGINOSI

Con "frutta secca" si intende tutta la frutta a guscio (come noci, nocciole, mandorle, ecc.). I semi oleaginosi sono ad esempio i semi di zucca, di sesamo, di girasole, di lino, che hanno caratteristiche nutrizionali simili alla frutta secca.

GRASSI

In questo gruppo di cibi vanno inseriti gli oli (oltre alla maionese vegetale e le margarine, che devono però essere consumate con moderazione). Si tratta di cibi ipercalorici, per questo è bene limitare al minimo il numero di porzioni. L'utilizzo di olio di semi di lino e di olio di oliva va preferito, in quanto fonti di acidi grassi rispettivamente poliinsaturi della famiglia degli omega-3 e monoinsaturi. Tutti i grassi che sono solidi a temperatura ambiente (oli tropicali -di cocco e di palma- e le margarine) contengono elevate quantità di grassi saturi o transidrogenati, che sono dannosi e vanno utilizzati in modo molto limitato e solo se indispensabili.

17

LE RACCOMANDAZIONI PARTICOLARI

CALCIO

Nei primi 5 gruppi di cibi sono presenti i cibi ricchi di calcio, che formano una specie di ulteriore "gruppo trasversale", un anello aperto nel bordo del PiattoVeg, del quale vanno assunte un minimo di 6 porzioni al giorno, conteggiabili nel numero totale di porzioni giornaliere. La vitamina D invece va assunta preferibilmente in forma di integrazione, nelle dosi raccomandate.

VITAMINA B12

Le quantità di vitamina B12 in dose di mantenimento sono molto variabili a seconda delle frequenza di assunzione (in modo non proporzionale). Le indicazioni più aggiornate raccomandano, nell'adulto:

1. **minimo 3 assunzioni che forniscono 2 mcg ciascuna** (totale 2+2+2 mcg al dì) consumate nel corso della giornata, in più riprese (almeno 3) da varie fonti alimentari (integratori in gocce o prodotti forticati); *oppure:* 2. **non meno di 50 mcg, in unica assunzione giornaliera**, da un integratore, in compresse sublinguali o masticabili; *oppure:* 3. **non meno di 1.000 mcg, in due assunzioni distinte settimanali** (totale settimanale 1.000 mcg x 2), da un integratore (preferibilmente sublinguale, tenendo conto della variabilità dell'assorbimento a partire da dosi molto elevate).

Sul sito di Società Scientifica di Nutrizione Vegetariana è presente un elenco di prodotti disponibili sul mercato: http://www.scienzavegetariana.it/nutrizione/integraB12.html

ACIDI GRASSI OMEGA-3

Ricordati dell'importanza di inserire 2 porzioni al giorno, ogni giorno, di cibi che forniscono acidi grassi omega-3, che si trovano nei gruppi dei legumi, della frutta secca e dei grassi. Una porzione equivale a 1 cucchiaino di olio di semi di lino, 1 cucchiaio di semi di lino (da consumare macinati), circa 30 g di noci o 15 g di semi di chia macinati. Per il miglior rapporto tra i vari acidi grassi della dieta, privilegia per la cottura l'olio di oliva.

LE CALORIE DISCREZIONALI

Le calorie discrezionali sono quella quota di calorie della dieta che non necessariamente devono apportare nutrienti: possono quindi essere rappresentate dalle cosiddette "calorie vuote", date da cibi solitamente molto trasformati, come per esempio le bevande dolci e alcuni snack. È ovviamente preferibile ricavare invece questa quota di calorie dai cibi sani appartenenti al Piat-toVeg.

La gran parte di coloro che leggeranno questo opuscolo sono cresciuti con i criteri dei vecchi 4 gruppi alimentari, introdotti per la prima volta alla metà del secolo scorso, che enfatizzavano l'importanza dei cibi di origine animale. Con il passare del tempo, però, le nostre conoscenze sull'importanza delle fibre, i rischi per la salute dei grassi saturi e del colesterolo, e le proprietà protettive di molti nutrienti contenuti esclusivamente nei cibi vegetali, sono molto aumentate.

Sappiamo ora che il Regno Vegetale è in grado di fornire eccellenti fonti alternative di nutrienti un tempo esclusivamente associati alla carne e ai latticini, cioè le proteine, il ferro e il calcio.

Anche se nei decenni successivi questa vecchia impostazione è stata rivista con la pubblicazione della Piramide alimentare, che ha corretto le vecchie raccomandazioni e ha ridotto le quantità consigliate di grassi e di prodotti animali, questa non rappresenta ancora uno strumento valido a garantire la salute. Dal 1991, gli studiosi di nutrizione vegetariana, avendo accertato che il consumo abituale di cibi animali, anche in quantità limitata, comporta seri ed evitabili rischi per la salute, hanno prodotto delle raccomandazioni dietetiche che permettono un'assunzione equilibrata di cibi vegetali (the *Power Plate* del PCRM, a *New Food Guide For North American Vegetarians*, di Dietitians of Canada e American Dietetic Association). Si tratta di guide alimentari, a basso o nullo contenuto di colesterolo e a ridotto contenuto di grassi, che garantiscono le richieste nutrizionali medie di soggetti adulti sani; la seconda contiene degli adattamenti per altre fasi del ciclo vitale.

I maggiori "killer" delle società ricche -cardiopatia, cancro e ictus cerebrale-, presentano un'incidenza drasticamente ridotta in quelle popolazioni che si nutrono prevalentemente di cibi vegetali. Anche l'aumento del peso corporeo, la cui diffusione sta contribuendo pesantemente ai problemi di salute degli Occidentali, può essere controllato agevolmente senza per questo dover soffrire la fame, grazie a questi cibi.

La dieta vegetariana in gravidanza

Durante la gravidanza il fabbisogno di molti nutrienti aumenta. Per esempio, servono più calcio, più proteine, più acido folico e il fabbisogno calorico aumenta di circa 260 KCal nel secondo trimestre e di 500 nel terzo trimestre.

Per questo motivo, tutte le donne in gravidanza devono scegliere con attenzione la composizione dei pasti: è importante assumere cibi densi di nutrienti ma con limitato apporto di grassi, zuccheri e calorie. Le diete vegetariane, che si basano su cibi integrali ricchi di nutrienti, sono quindi la scelta più sana per le donne in gravidanza.

Linee Guida per restare in buona salute durante la gravidanza

• Comincia con una dieta sana prima di entrare in gravidanza. La crescita e lo sviluppo del bambino dipendono dai depositi dei nutrienti nell'organismo materno.

• Mantieni un ritmo di incremento ponderale costante. Cerca di aumentare di circa 1.5-2 kg in tutto nel corso del primo trimestre, e poi di circa 1.5-2 kg al mese durante il secondo e terzo trimestre.

• Consulta regolarmente il tuo medico.

• Limita le calorie vuote che si trovano nei cibi industriali trasformati e nei dolci. Tieni il conto delle calorie!

Nutrienti

Per essere certa di seguire una dieta adeguata al tuo stato, fai particolare attenzione a questi nutrienti:

Calcio: tutti i gruppi vegetali contengono cibi ricchi di calcio. Accertati di includere almeno 6 porzioni di cibi ricchi di calcio nella tua dieta di tutti i giorni. Questi comprendono: tofu, tempeh, verdura a foglia verde, broccoli, fagioli di soia, fichi, semi di girasole, tahin di sesamo, mandorle, latte di soia fortificato, cereali e succhi di frutta fortificati. Le acque minerali a elevato contenuto di calcio (oltre 300 mg/L) e povere di sodio (inferiore a 50 mg/L) costituiscono un'ottima fonte di calcio supplementare facilmente assimilabile.

Bere 1.5-2 litri di acqua al giorno, preferibilmente fuori pasto, fornisce una quantità di calcio di almeno 450-600 mg solo a partire da questa fonte. Ogni porzione di cibi contrassegnati con l'asterisco nella tabella a pagina 13 fornisce in media 125 mg di calcio.

Vitamina D: questa vitamina è scarsa in tutti i tipi di dieta perché l'organismo è in grado di produrla quando la pelle è esposta al sole. Anche se sei nelle condizioni di esporti regolarmente al sole, concorda con il tuo medico l'assunzione di un integratore di vitamina D.

Vitamina B12: la vitamina B12 non si trova nei cibi vegetali in quantità adeguate. Per essere certa di assumere le quantità necessarie di questa importante vitamina, devi assumere buone fonti di questa vitamina, nelle dosi già indicate a pagina 18 e preferibilmente in formulazione sublinguale.

Accertati che si tratti di "cianocobalamina", la forma di questa vitamina meglio assorbibile per l'essere umano. Le alghe e i prodotti a base di soia fermentata, come il tempeh, non sono - contrariamente a quanto si crede - buone fonti di vitamina B12.

Ferro: il ferro è abbondantemente rappresentato nel Regno Vegetale. Legumi, verdura a foglia verde, frutta seccata, melassa, frutta secca e semi oleaginosi, cereali integrali o cereali fortificati contengono tutti molto ferro.

Ricorda invece che gli spinaci non sono una buona fonte di ferro, nonostante la credenza diffusa. Comunque, le donne nella seconda metà della gravidanza hanno delle richieste di ferro estremamente elevate, che spesso impongono l'assunzione di integratori indipendentemente dal tipo di dieta seguito. Discuti con il tuo medico l'opportunità di assumere un integratore in questa fase della gravidanza.

Acidi grassi essenziali: questi acidi grassi sono ben rappresentati anche nel Regno Vegetale, nonostante ci vogliano far credere che siano presenti solo nel pesce. Bastano 2 porzioni al giorno, ogni giorno, di cibi che forniscono acidi grassi omega-3, che si trovano nel gruppo della frutta secca e nel gruppo dei cibi grassi. Una porzione equivale a 1 cucchiaino di olio di semi di lino, 1 cucchiaio di semi di lino (da consumare macinati) o circa 30 g di noci.

Per il miglior rapporto tra i vari acidi grassi della dieta, è da privilegiare per la cottura l'olio di oliva.

19

Due parole sulle proteine... Il fabbisogno di proteine aumenta di circa il 30% in gravidanza.

Anche se assumere abbastanza proteine può essere motivo di preoccupazione per alcune donne, la maggior parte delle donne vegetariane mangia più delle proteine necessarie a soddisfare le richieste in gravidanza. Il consumo aggiuntivo dei cibi rappresentati nel "piattino" del PiattoVeg_Mamy (vedi sito www. PiattoVeg.info oppure il libro "Il PiattoVeg_Mamy") permette facilmente di soddisfare il fabbisogno di proteine in gravidanza.

Allattamento

Le linee guida per le donne in allattamento sono simili a quelle del terzo trimestre di gravidanza. Le porzioni consigliate rimangono quindi le stesse della gravidanza per tutti i gruppi alimentari del PiattoVeg_Mamy, con l'aggiunta del "piattino" di cibi in più previsti per l'allattamento.

Qualche idea

• Pianifica i pasti basandoli su cereali integrali, legumi e verdura. Aggiungi semi oleaginosi, germe di grano, o lievito in scaglie e alghe polverizzate per arricchire il gusto ed il contenuto di nutrienti.

• La verdura a foglia verde è una miniera di sostante nutritive. Aggiungila sempre a primi e secondi piatti.

• Gli snack a base di frutta secca e seccata permettono di aumentare l'assunzione di ferro e di altri importanti nutrienti.

Se hai già altri bambini piccoli da accudire e non hai molta energia per dedicarti alla tua alimentazione, puoi utilizzare i seguenti consigli per ricavare dei pasti di veloce preparazione (adattato da: Mangels R., Messina V., Messina M. (2011), *The Dietitian's Guide to Vegetarian Diets: Issues and Applications*, Jones and Bartlett Publishers, Sudbury (ma), 3rd ed.):

ESEMPIO DI MENU PER DONNE IN GRAVIDANZA*	
PASTO	**GIORNO 1**
Colazione	Cereali cotti con frutta e latte di soia (arricchito con calcio)
Snack	Pezzetti di tofu con mandorle e succo di frutta (arricchito con calcio)
Pranzo	Insalata di fagioli lessati con cicoria, carote e sedano crudi conditi con limone e 1 cucchiaino di olio di lino, pane integrale, fichi secchi
Snack	Tempeh con limone e cracker, succo di frutta (arricchito con calcio)
Cena	Pasta condita con broccoli e 30 g di noci, ceci lessati con lattuga, pane integrale con maionese di piselli
Snack	Pane con di crema di mandorle, tisana
PASTO	**GIORNO 2**
Colazione	Tofu con fette di pane integrale e succo di frutta (arricchito con calcio)
Snack	Fichi secchi e mandorle con latte di soia (arricchito con calcio)
Pranzo	Minestra di legumi e farro con lievito in scaglie, bieta lessa con limone e 30 g di noci
Snack	Cracker con hummus (con 2 cucchiai di tahin) e 1 mela.
Cena	Riso e limone con tempeh, insalata di rucola e pomodori, conditi con 1 cucchiaino di olio di lino
Snack	Latte di soia (arricchito con calcio), pane integrale con crema di nocciole

*con qualche pizzico di alghe polverizzate a piacere

- Pane con crema di mandorle
- Minestrone e verdure surgelati
- Zuppe di legumi e cereali già confezionate
- Riso parboiled con verdure
- Cereali lessi con latte di soia e frutta a pezzetti
- Succo di frutta e pizza senza mozzarella
- Barre di cereali e latte di soia

- Pasta con olio, noci e lievito in scaglie
- Hamburger o crocchette di soia surgelati con patate lesse
- Wurstel di seitan con insalata
- Insalata di fagioli in scatola ("senza sale aggiunto" sull'etichetta!) e pomodori
- Fette biscottate con tahin di sesamo

Cucinare senza uova

In molti hanno scelto di non utilizzare più le uova, perché circa il 70% delle loro calorie proviene dai grassi, la gran parte dei quali sono saturi. L'uovo contiene inoltre molto colesterolo, circa 200 milligrammi per un uovo di medie dimensioni. Dal momento poi che il guscio dell'uovo è fragile e poroso, e che le condizioni in cui vengono solitamente tenute le galline ovaiole sono di estremo sovraffollamento, l'uovo è l'ospite ideale per la Salmonella, quel batterio che è il maggior responsabile di contaminazione microbica dei cibi. L'uovo viene spesso utilizzato nei prodotti da forno, grazie alla sua proprietà di far addensare e gonfiare gli ingredienti, e la sua presenza è rivelata dall'etichetta nutrizionale. I cuochi furbi hanno però scoperto come fare a meno dell'uovo.

La prossima volta che in una ricetta avrai bisogno di uova, prova uno di questi sistemi:
- Utilizza 1 cucchiaio colmo di farina di soia, oppure di fecola di patate o di amido di mais e 2 cucchiai di acqua per sostituire ogni uovo nei prodotti da forno.
- Utilizza 30 grammi di tofu bianco schiacciato al posto di ogni uovo.
- Nei dolci, puoi utilizzare al posto di ogni uovo mezza banana schiacciata, sebbene talvolta questa cambi un po' il gusto della ricetta.
- Per hamburger vegetali, utilizza uno dei seguenti ingredienti per compattare il tutto: patata schiacciata, briciole di pane inumidito, farina di ceci, pasta di pomodoro.
- Se la ricetta richiede solo 1-2 uova, puoi spesso farne a meno. Aggiungi un paio di cucchiai da tavola (circa 30 mL) di acqua in più per ogni uovo eliminato, per equilibrare l'insieme degli ingredienti.
- Infine, in molti negozi di cibi naturali sono in vendita sostituti dell'uovo, prodotti in polvere privi di uova. Nel corso della preparazione, basta mescolarli con l'acqua secondo le istruzioni.

21

● Raggiungi e mantieni un peso sano

Dei tanti modi possibili per perdere peso, ce n'è uno che è di gran lunga il più sano. Quando costruisci i tuoi pasti intorno a generose quantità e varietà di verdura, cereali integrali, legumi e frutta (l'equivalente di una sana dieta vegetariana) puoi perdere peso praticamente senza sforzo. Oltre a questo, otterrai altri importanti effetti quali la riduzione dei livelli ematici di colesterolo e di glucosio, dei valori di pressione arteriosa, e altri vantaggi. Il messaggio è semplice: riduci o elimina quei cibi che sono ricchi di grassi e poveri di fibre, e aumenta l'assunzione di cibi poveri di grassi e ricchi di fibre. Questo approccio è semplice e sicuro. L'aspetto chiave per poter raggiungere e mantenere stabilmente un peso corporeo ottimale è quello di cambiare le abitudini. Non è possibile "perdere 10 chili in due settimane" in modo permanente: le diete molto ipocaloriche, ipoglucidiche e iperproteiche, possono causare gravi problemi di salute, e sono fortunatamente molto difficili da seguire nel lungo termine. La leggenda che pane, pasta, patate e riso facciano ingrassare è falsa: i cibi ricchi di carboidrati, infatti, sono l'ideale per tenere controllato il peso.

I carboidrati contengono meno della metà della calorie dei grassi, il che significa che rimpiazzare cibi ricchi di grassi con cibi ricchi di carboidrati automaticamente abbatte le calorie.

Ma la quantità di calorie è solo un aspetto. Le calorie dai carboidrati sono infatti trattate diversamente da quelle dei grassi, e questo dipende da come viene trasformata l'energia che proviene dal cibo, che viene depositata sotto forma di grasso corporeo. È molto inefficiente infatti depositare le calorie dei carboidrati, perché la loro trasformazione in grassi fa sprecare ben il 23% delle calorie, mentre per depositare le calorie dai grassi ne vanno sprecate solo il 3%.

È soprattutto il tipo di cibo che determina la quantità di tessuto adiposo. Se infatti proteine e carboidrati apportano la stessa quantità di calorie per grammo, i cibi ricchi di proteine – soprattutto quelli di origine animale – sono anche solitamente ricchi di grassi. Anche la carne "magra" contiene molti più grassi di quelli richiesti dall'organismo. Inoltre, i cibi animali sono totalmente privi di fibre, che aiutano a sentirsi sazi prima di riuscire a ingerire troppe calorie, e che sono presenti esclusivamente nelle piante.

L'attività fisica è certamente utile: l'esercizio aerobico facilita la dissoluzione del grasso e mantiene la massa muscolare. Altri tipi di attività fisica possono addirittura far aumentare la massa muscolare. Il segreto è scegliere un tipo di attività fisica divertente e facilmente conciliabile con le altre esigenze quotidiane.

Camminare è un buon inizio, poi puoi aggiungere qualcos'altro in qualunque altro momento.

Il miglior programma per il controllo del peso è una dieta a base vegetale ricca di carboidrati complessi integrali, povera di grassi, affiancata da regolare esercizio fisico: è la scelta ottimale per una vita più sana, lunga e felice.

Le diete vegetariane per i bambini: comincia subito nel modo giusto

Le abitudini alimentari si stabiliscono fin dalla prima infanzia. Le diete vegetariane danno a tuo figlio la possibilità di imparare a conoscere una grande varietà di cibi squisiti e nutrienti, che gli forniranno in modo eccellente tutto quello che gli serve in tutti gli stadi dello sviluppo, dalla nascita all'adolescenza. Lo aiuteranno inoltre a mantenere un normale peso corporeo, proteggendolo dal rischio di sovrappeso-obesità che ormai affligge 1/3 dei nostri bambini, minandone la salute presente e futura.

Prima infanzia

Il cibo ideale per il neonato è il latte materno, e più a lungo se ne può cibare, meglio è. Se invece tuo figlio non può venire allattato al seno, le formule per l'infanzia a base di soia e di riso sono una buona alternativa, facilmente praticabile. Si sconsiglia per contro di utilizzare il comune latte di soia in commercio, perché i bambini hanno delle richieste nutrizionali particolari, che richiedono appunto queste formule speciali, appositamente concepite per i loro fabbisogni. I bimbi non necessitano di cibo diverso dal latte materno o dalle formule a base di soia e di riso per i primi 6 mesi di vita e dovrebbero continuare a bere il latte materno o le formule infantili anche dopo l'introduzione dei cibi solidi, fino almeno al primo anno di età.

I bimbi allattati al seno hanno inoltre necessità di assumere un integratore di vitamina D che fornisca 400 UI al giorno, così come i bambini allattati artificialmente che ricevano meno di un litro di latte formulato al giorno. Alcuni bimbi, soprattutto quelli che vivono in climi poco soleggiati o sono di pelle scura, possono non essere in grado di sintetizzare quantità sufficienti di vitamina D, e in questi casi può essere necessaria l'integrazione con vitamina D.

Le donne vegetariane in allattamento debbono inoltre essere certe di includere nella dieta fonti adeguate di vitamina B12, perché l'assunzione della madre influenza le concentrazioni di questa vitamina nel latte. I cibi addizionati con adeguate quantità di "cianocobalamina", la forma attiva della vitamina B12, sono in grado di mettere in sicurezza la mamma e il bambino, oppure, ancora meglio, si può assumere un integratore (vedi pagina 18).

Il latte materno o le formule per l'infanzia dovrebbero essere utilizzate almeno nel corso del primo anno di vita del bambino, ma all'età di 5-6 mesi, o quando il peso alla nascita del bambino è raddoppiato, possono essere aggiunti gradualmente altri cibi alla dieta. I pediatri consigliano spesso di iniziare con l'inserimento di cereali fortificati con ferro, perché a quest'epoca della vita i depositi di ferro del bambino iniziano a ridursi. I nuovi cibi vanno aggiunti uno alla volta, a intervalli di 2-3 giorni.

Le seguenti Linee Guida forniscono uno schema flessibile per l'aggiunta di cibi alla dieta di tuo figlio.

Da 5-6 mesi

• Inizia con l'introdurre le farine di cereali per l'infanzia, fortificate con ferro. Comincia con quella di riso, che più difficilmente causa allergie.

Mescolala con poco latte materno o con la formula di soia. Poi passa a quella d'avena e d'orzo. I pediatri raccomandano di inserire per ultimi i cereali che contengono glutine.

Da 6 a 8 mesi

• Puoi iniziare a introdurre la verdura, che deve essere scrupolosamente cotta e passata. Le patate, i piselli, le carote, i fagiolini sono tutte ottime verdure di prima scelta.

• In seguito, inizia a introdurre la frutta. Prova con le banane e l'avocado schiacciati, le pesche passate, o il succo di mela.

• A partire dagli 8 mesi d'età, la maggior parte dei bambini è in grado di mangiare cracker, pane, pasta e altri cereali.

• Inoltre, sempre circa a 8 mesi d'età, i bambini possono iniziare a mangiare cibi ricchi di proteine, come il tofu e i legumi, che devono essere ben cotti e passati.

di frutta, preferendo il loro gusto dolce a quello degli altri cibi.

Alcuni cibi, come i wurstel di seitan, le carote, le arachidi e l'uva, sono cibi a rischio di soffocamento.

Assicurati di tagliare sempre questi cibi in pezzetti minuscoli, e insegna al bambino a masticare sempre molto bene ciò che ha in bocca prima di deglutirlo. Il fabbisogno calorico nei bambini è variabile, pertanto le Linee Guida fornite di seguito e le quantità indicate nelle tabelle di questa pagina e di pagina 26 sono da considerarsi solo indicative.

Gruppi alimentari per i bambini

Pane, pasta e cereali in chicco

Include tutti i tipi di pane, cracker, fette biscottate, cereali per la colazione, cereali in chicco cotti (farro, orzo, mais, frumento, segale, avena, kamut, quinoa, grano saraceno, riso), pasta, cous-cous e bulgur. Meglio scegliere cibi poco salati e poco conditi.

Legumi e altri cibi ricchi di proteine

Comprende tutti i tipi di fagioli (borlotti, lamon, cannellini, dall'occhio, corona, rossi, neri), lenticchie, piselli, ceci, fagiolini; gli analoghi della carne, il tofu, il tempeh e gli altri prodotti a base di soia.

Seconda infanzia

I bambini hanno richieste caloriche e di nutrienti elevate ma hanno uno stomaco piccolo. Per questo, offri frequentemente a tuo figlio degli spuntini, e cerca di includere nella sua dieta cibi con poche fibre, come i cereali raffinati e i succhi di frutta. Attenzione comunque che il bambino non si riempia lo stomaco di succhi

Verdura
Comprende tutta la verdura cruda e cotta, che deve essere acquistata fresca piuttosto che in scatola o surgelata, e i succhi di verdura.

Frutta
Include tutta la frutta e i succhi di frutta al 100%. La frutta deve essere acquistata fresca piuttosto che in scatola, in questo secondo caso è preferibile sia conservata in acqua o sciroppo naturale.

Frutta secca e semi oleaginosi
Comprende tutta la frutta secca e le loro creme (es. crema di mandorle, di noci, ecc.), i semi oleaginosi, il tahin (o burro di sesamo).

Grassi
Comprende gli oli (olio extravergine di oliva, di soiae di semi di lino) la maionese e la margarina (queste ultime da utilizzare con molta parsimonia).

Latte
Tutte le marche di latte di soia e di riso fortificato, le formulazioni per l'infanzia a base di soia e di riso e il latte materno.

Porzioni raccomandate
Il numero delle porzioni varia in relazione all'età del bambino. Viene indicato quello minimo suggerito, epuò essere superiore in relazione al fabbisogno energetico del bambino (vedi tabella). Per qualsiasi fabbisogno calorico sono da includere 2 porzioni al giorno di cibi ricchi in omega-3, che si possono ottenere dai cibi presenti nel gruppo della frutta secca (con semi di lino, semi di chia o noci) e dei grassi (olio di lino). Assicurati di includere nella dieta fonti affidabili di vitamina B12, da far assumere al bimbo con regolarità. Buone fonti includono i cibi fortificati con vitamina B12, come il latte di soia e di riso, i cereali per la colazione, gli analoghi della carne, e gli integratori di vitamina B12. Anche se il bambino poi si espone con regolarità alla luce solare, concorda eventualmente con il pediatra l'uso di un integratore.

BAMBINI DA 1 A 14 ANNI D'ETÀ

	PORZIONI				
	1-3 anni	4-6 anni	7-10 anni	11-14 anni	Una porzione equivale a:
Pane, pasta e cereali in chicco	3.5-6.5	6-8	6.5-11.5	9.5-16	Pane, 30 g; cereali cotti, 80 g (125 mL); cereali pronti per colazione, 30 g (arricchiti con calcio*); latte di riso, 200 mL (arricchito con il calcio*)
Cibi ricchi di proteine	1-2	1-2	2-3	3	Legumi: cotti 80 g, crudi 30 g (se fagioli di soia, *); Tofu* o tempeh*: 80 g; Cibi a base di glutine di frumento: 30 g; Latte di soia (se arricchito con calcio, **): 200 ml; Yogurt di soia: 125 ml
Verdura	1-4	3-5	4-6	6	Verdura cotta e cruda: 100 g (verdure che costituiscono una porzione di cibo ricco di calcio: rucola*, cime di rapa*, cicoria*, cardi*, broccolo*, carciofo*, radicchio*, indivia*); Succo di verdura: 100 ml
Frutta	1-2	1.5-2.5	2-3.5	3-5	Frutta fresca: 1 frutto medio (150 g); Frutta cotta o a pezzetti: 150 g; Frutta fresca essiccata: 30 g; Succo di frutta: 150 ml (se fortificato con calcio, *)
Frutta secca e semi oleaginosi	1-1.5	1-2	1.5-3	2-3	Crema di frutta secca: 30 g; Crema di semi: 30 g (ricchi di calcio: mandorle*, tahin di sesamo*); Frutta secca o semi: 30 g (ricchi di calcio: mandorle*, sesamo*)
Grassi	3-5	4-5	5-6	6-8	Olio, maionese (e margarine morbide), 5 g (1 cucchiaino)
Cibi ricchi di calcio	3-5	4-5	5	5	Vedi i cibi dei primi 5 gruppi, contrassegnati con l'asterisco
Cibi ricchi di omega-3	2	2	2	2	Da consumare utilizzando i cibi presenti nel gruppo delle frutta secca e dei grassi.
Vitamina B12	5 mcg una volta al dì	25 mcg una volta al dì	25 mcg una volta al dì	come nell'adulto	Vedi pagina 18, paragrafo vitamina B12

Adattato da: Mangels R., Messina V., Messina M. (2011), The Dietitian's Guide to Vegetarian Diets: Issues and Applications, Jonesand Bartlett Publishers, Sudbury (ma), 3rd ed.

● Ricette per la salute

Lenticchie al curry

Ingredienti per 2 persone: 300 g di lenticchie già cotte - 1 cipolla - olio extravergine d'oliva - passata di pomodoro - rosmarino - curry - pepe.

Preparazione: fate dorare la cipolla tritata nell'olio, aggiungete le lenticchie, un rametto di rosmarino, alcuni cucchiai di passata di pomodoro, un po' di curry (a vostro piacere), pepe. Mescolate accuratamente facendo cuocere per pochi minuti e servite caldo.

Fagioli al pomodoro

Ingredienti per 4 persone: 1.5 kg di fagioli freschi - 500 g di pomodori - 1 cipolla - olio - 1 gambo di sedano - 1 foglia di alloro - 1 carota - mezzo litro di brodo vegetale - pepe.

Preparazione: preparate un battuto con la cipolla, la carota, il sedano e fate rosolare in un tegame di terracotta con un poco di olio fino a quando le verdure saranno leggermente stufate. Aggiungete i pomodori ridotti in pezzetti, l'alloro, i fagioli e il brodo. Coprite e lasciate cuocere a fuoco lentissimo per circa 2 ore mescolando spesso per evitare che i fagioli si attacchino. Quando il sugo si sarà ristretto servite a tavola.

Risotto alla zucca e funghi

Ingredienti per 4 persone: 200 g di riso (meglio integrale) lessato, 200 g di zucca cotta a vapore, 100 g di funghi freschi, 1 cipolla media, 1 ciuffetto di prezzemolo, 1 cucchiaino di timo in polvere, olio extravergine di oliva, sale e acqua di cottura del riso q.b.

Preparazione: fate mantecare a fuoco basso la cipolla ed i funghi in poco olio e acqua di cottura, aggiungendone altra un po' per volta finché la cipolla non è dorata; aggiungete poi il timo e amalgamate la zucca, cuocendo ancora finché non diventa una crema omogenea; aggiungete a fuoco spento l'olio di oliva e mettete in una fossetta al centro del riso, nel coccio individuale, del prezzemolo sminuzzato a crudo.

Crema di pomodoro al tofu

Ingredienti per 4 persone: 1 cucchiaino di olio - 1 cipolla a cubetti - 1 pomodoro a cubetti - 250 mL di latte di soia - un pizzico di pepe e/o di salsa Tabasco - mezzo spicchio d'aglio schiacciato, oppure un quarto di cucchiaino di origano, maggiorana od aglio in polvere - 350 g di tofu - 2 cucchiai di prezzemolo tritato.

Preparazione: scaldate l'olio in una pentola, aggiungete le cipolle e rosolatele a fiamma media per 3 minuti, o finché diventano translucide. Aggiungete il pomodoro e cuocete per 2 o 3 minuti mescolando continuamente, poi unite anche gli altri ingredienti successivi e cuocete ancora per 1 minuto mescolando sempre. Spegnete il fuoco e lasciate raffreddare un attimo, poi aggiungete il tofu, e passate al frullatore fino ad ottenere una crema omogenea. Servite calda, o meglio ancora fredda di frigorifero, guarnita con prezzemolo.

Pomodori con purè di fave

Ingredienti per 4 persone: 4 pomodori - 200 g di fave già sgranate, sbollentate e pelate - aglio - origano fresco ed in polvere - timo - 1 cipollotto - basilico - limone - olio extravergine d'oliva - pepe.

Preparazione: tagliate i pomodori a metà, svuotateli dei semi, conditeli con olio, un pizzico di origano in polvere e passateli in forno a 200°C per 15 minuti. Nel frattempo frullate le fave con uno spicchio d'aglio, origano fresco, olio, pepe, ottenendo un purè abbastanza consistente. Riducete a rondelle un cipollotto e fatelo stufare in un po' di olio d'oliva, con pepe, timo, quindi frullatelo con l'aggiunta di 60 g di olio, succo di limone e basilico. Sfornate i pomodori, accomodateli nel piatto da portata e farciteli con il purè di fave; conditeli con la salsina di cipollotto e serviteli con una guarnizione a piacere.

Risotto alle verdure

Ingredienti per 4 persone: 10 mL di olio d'oliva - 3 spicchi d'aglio schiacciati - 120 g di cipolla bianca affettata - 2 peperoncini piccanti - 200 g di riso - 600 mL acqua - 3 pomodori maturi - pepe nero appena macinato - 1 cipolla rossa affettata - 15 mL di succo di limone.

Preparazione: in una casseruola scaldate l'olio d'oliva su fuoco dolce. Aggiungete l'aglio e le cipolle a fettine. Soffriggete per 5 minuti, mescolando frequentemente. Unite i 2 peperoncini. Soffriggete per 2 minuti. Versate il riso e cuocete fino a farlo dorare. 27

Aggiungete l'acqua e portate a ebollizione su fuoco più alto. A questo punto abbassate il fuoco e mettete il coperchio. Cuocete per circa 25 minuti. Quando il riso è cotto, unite i pomodori a pezzetti, i fagioli lessati e i piselli. Aggiungete il pepe e il succo di limone. Mescolate bene, su fuoco basso, e versate a cucchiaiate nei piatti. Decorate con fettine di cipolla.

Fagioli al forno

Ingredienti per 4 persone: 500 g di fagioli cannellini secchi - 1 cucchiaio di olio di oliva - 2 spicchi d'aglio - prezzemolo - 300 g di pomodori pelati - origano - peperoncino.

Preparazione: dopo aver lasciato i fagioli a mollo per una notte, sciacquateli e lessateli. Appena cotti, versateli in un recipiente piuttosto basso. Condite con l'olio, l'origano, il peperoncino e l'aglio sminuzzati, i pelati schiacciati e mescolate il tutto accuratamente.
Fate cuocere al forno a 180°C per circa 90 minuti.

Crema di lenticchie al curry

Ingredienti per 1 persona: 125 g di lenticchie rosse secche - 200 mL di acqua - 1 piccola cipolla, pelata e tritata finemente - 1 cucchiaio d'olio d'oliva - 2 cucchiai di curry - pepe q.b. -passata di pomodoro (facoltativa).

Preparazione: lavate le lenticchie e lessatele fino a quando sono tenere, ed hanno assorbito tutta l'acqua (20-30 minuti); poi schiacciatele con una forchetta fino a ridurle a puré. Intanto, friggete la cipolla nell'olio finché diventa tenera, ed aggiungete il curry; friggete ancora 1-2 minuti. Incorporate nelle lentic-

chie schiacciate, aggiungete odori a piacere e lasciate raffreddare.

Crocchette di ceci

Ingredienti per 4 persone: 250 g di ceci secchi - 2 cucchiai di farina - 1 cipolla tritata.

Preparazione: dopo aver lasciato i ceci a mollo per una notte, sciacquateli, cuoceteli e schiacciateli. Aggiungete alcuni cucchiai di farina, un po' di cipolla tritata. Amalgamate, formate le crocchette e friggete. Servitele calde con contorno di insalata.

Minestra di lenticchie

Ingredienti per 6 persone: 200 g di lenticchie secche - 120 g di cipolla - 100 g di tritello di farro - 100 g di carote - alloro - brodo vegetale - olio extravergine d'oliva - pepe in grani.

Preparazione: lasciate le lenticchie in ammollo per circa 4 ore, poi sciacquatele accuratamente.
Al momento di preparare la minestra, tritate la carota e la cipolla; fate appassire il tutto in un filo d'olio, insieme con una foglia di alloro, quindi unite le lenticchie sgocciolate, il tritello di farro, e circa 2 litri di brodo. Coprite e lasciate bollire, a fuoco moderato, per 50 minuti circa. Insaporite la minestra con una generosa macinata di pepe, un cucchiaino d'olio crudo e servite.

Risotto alle punte di asparagi

Ingredienti per 4 persone: 200 g di riso - 200 g di punte di asparagi - 1 scalogno (o 1 cipollina piccola) - 3 cucchiai di olio extravergine d'oliva - brodo vegetale.

Preparazione: fate un soffritto con l'olio e lo scalogno tritato finemente. Non appena inizia ad imbiondire unite il riso, fatelo ungere per bene, quindi aggiungete le punte di asparagi tagliate a pezzettini ed il brodo vegetale, ultimando la cottura del riso.

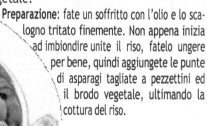

● Impara a conoscere cibi nuovi

Alghe

Le alghe sono un'ottima fonte di iodio, ferro, calcio e acidi grassi omega-3. Non costituiscono invece, contrariamente a quanto molti credono, una fonte affidabile di vitamina B12 o di acidi grassi omega-3, nelle quantità comunemente usate in cucina.

Esistono molte varietà di alghe, tutte acquistabili al negozio biologico, con differenti sapori (dulse, kombu, hijiki, wakame, nori), e possono essere utilizzate in pezzetti dentro le zuppe, oppure polverizzate su tutti i tipi di piatti, o ancora lessate e condite con olio e limone, sempre in piccole quantità.

Cereali

I cereali fanno parte della tradizione mediterranea, ma siamo solitamente abituati a consumarli come prodotti molto trasformati (pane e pasta bianchi), che hanno perso gran parte delle sostanze benefiche che conteneva il chicco, e inoltre questi prodotti possono contenere latte e strutto. I cereali allo stato naturale sono invece i chicchi della spiga, ed è proprio il chicco integrale quello che contiene vitamine, minerali e fibre, che poi vengono persi nel corso del processo di raffinazione.

Riscopriamo quindi il pane e la pasta integrali, molto gustosi e meno calorici dei loro pronipoti "bianchi", e impariamo a conoscere i cereali in chicco: orzo, farro, kamut, riso, miglio, quinoa, segale, avena, mais, frumento. Bulgur e cous-cous derivano dalla macinazione del chicco. Altri prodotti quali l'amaranto e il grano saraceno vengono inclusi tra i cereali, anche se non derivano da una spiga ma sono propriamente dei semi. I cereali, ricchissimi di carboidrati complessi e fibre, e buona fonte di vitamine, minerali e proteine, si possono utilizzare cotti, lessati in due parti di acqua, oppure crudi germogliati. Per tutti i tipi di utilizzo, i cereali in chicco vanno sempre sottoposti ad ammollo preventivo di 6-8 ore, per allontanare dal loro interno i fitati, che inibiscono l'assorbimento di ferro e calcio in essi contenuti.

Frutta secca e semi oleaginosi

Sono un'importante fonte di proteine, minerali, vitamine e acidi grassi essenziali. Tutti conoscono la frutta secca (noci, nocciole, mandorle, arachidi, pinoli, pistacchi, noci del Brasile, anacardi), bisogna però ricordarsi che essa esiste e che va utilizzata con regolarità tutti i giorni in piccole quantità. I semi oleaginosi invece sono spesso degli sconosciuti, ricordiamo i principali: semi di zucca, di girasole, che possono essere utilizzati interi. Semi di lino, di sesamo, che vanno utilizzati macinati (con il macinacaffè), perché diversamente il loro contenuto non verrebbe assorbito. Frutta secca e semi oleaginosi possono entrambi essere utilizzati a colazione o come condimento su minestre, paste, cereali in chicco, legumi e verdura. Non vanno cotti o tostati, perché il calore denatura i preziosi acidi grassi in essi contenuti. Sono inoltre disponibili delle creme di nocciole, arachidi e mandorle, che si possono utilizzare spalmate sul pane a colazione, e la salsa di sesamo, il tahin, utilizzata invece come condimento. Semi di sesamo macinati con l'aggiunta di sale vengono venduti con il nome di gomasio, di cui non si consiglia l'utilizzo a causa dell'elevato contenuto di sale.

Hamburger e polpette vegetali

Gli hamburger e le polpette vegetali, che si possono trovare anche nel banco dei surgelati del supermercato, sono prodotti con vari ingredienti quali proteine di soia ristrutturate, riso, altri cereali e verdura. Ci sono alcune marche che possono contenere uova e formaggio, quindi attenzione all'etichetta. Si preparano nel modo convenzionale, al microonde, al forno o alla griglia, serviti con verdura, pane o cereali in chicco. Essendo cibi trasformati, se ne sconsiglia un utilizzo frequente, tuttavia sono un ottimo ripiego in caso di emergenza.

Latte di riso

È una valida e gustosa alternativa al latte vaccino, totalmente priva di colesterolo e di lattosio. È una bevanda ottenuta dal riso, che può essere utilizzata al posto del latte anche nella cottura dei cibi. Si possono trovare in commercio anche delle varianti aromatizzate (es. alla vaniglia, al cacao), e può essere fortificato con vitamine e minerali (es. calcio, vitamina D2: consultare l'etichetta).

Latte di soia

È anch'esso una alternativa al latte vaccino, essendo ottenuto dalla spremitura dei fagioli di soia gialla. È pure disponibile in varianti aromatizzate (vaniglia, cacao) e può essere fortificato con vitamine e minerali (B12, calcio, vitamina D2), però ogni marca varia, quindi è indispensabile consultare sempre l'etichetta. Anch'esso può essere utilizzato al posto del latte, come bevanda o nella cottura dei cibi.

Legumi

I legumi non sono certo cibi nuovi, ma forse per molti sono quasi sconosciuti, essendo solitamente poco utilizzati nell'alimentazione dei "carnivori". Esistono molte varietà di legumi: fagioli di tutti i tipi (lamon, borlotti, cannellini, neri messicani, rossi, pavone, co-

rona, bianchi di Spagna), ceci e cicerchie, lenticchie (rosse, Castelluccio, giganti), piselli, ceci, soia (rossa, verde, gialla), fave, fagiolini. Tutti i legumi secchi richiedono un ammollo prima della cottura, che serve per idratare il chicco e per allontanare dal suo interno i fitati, che sono degli importanti inibitori dell'assorbimento del ferro e del calcio. Possono essere preparati lessati in minestre con cereali, o conditi con olio ed erbe, od ancora frullati ed utilizzati per salse (lo squisito hummus, la crema di ceci) e polpette (i falafel, le polpettine di ceci). Tutti i legumi sono una ricca fonte di proteine, carboidrati complessi, fibre, vitamine e minerali, tra cui calcio e ferro.

Lievito in scaglie

Il lievito in scaglie è ricco di vitamine e minerali, non va per contro considerato una fonte affidabile di vitamina B12. Può essere aggiunto alle minestre, alla pasta, al riso, al posto del formaggio parmigiano, e all'insalata, alla verdura cotta e cruda e ai legumi. Mescolato con l'olio di semi di lino (vedi oltre), forma una crema spalmabile dal gusto molto migliore dell'olio consumato da solo.

Melassa nera

È un liquido marrone scuro, denso, dolcissimo, che può essere utilizzato come dolcificante o spalmato sul pane. È una ricca fonte di calcio, ferro e nutrienti.

Olio di lino

È l'olio derivato dalla spremitura a freddo dei semi di lino. È una fonte indispensabile di acidi grassi essenziali: il consumo di 2 cucchiaini al giorno di questo olio fornisce la dose giornaliera raccomandata di acido alfa-linolenico, della famiglia degli omega-3. È un olio molto fluido, che viene venduto in bottiglie di piccole dimensioni (250 mL) perché si denatura facilmente a contatto con l'aria. Inoltre è sensibile alla luce e al calore, e per questo una volta aperto va conservato in frigo nella bottiglia di vetro scuro con la quale viene venduto, ed utilizzato entro 1 mese sempre su cibi freddi, mai per la cottura. Il suo sapore è particolare, e ricorda quello del pesce. Chi non lo gradisce, può assumerlo, anziché come condimento, mescolato con il lievito in scaglie spalmato sul pane.

Proteine vegetali ristrutturate

Si tratta di un prodotto iperproteico a base di soia, disidratato e venduto come granulato, o sotto forma di polpette o spezzatino. Dopo averlo reidratato in brodo vegetale, può essere utilizzato per ragù, spezzatino, polpette, in tutti quei piatti che solitamente si preparano con la carne. Questo tipo di cibo trova grande consenso nei vegetariani neofiti, per la facile preparazione, ma solitamente viene abbandonato non appena si allarga la conoscenza di cibi nuovi.

Salse varie, maionese e condimenti

Tra le varie salse già pronte in vendita nei negozi biologici, ricordiamo: le salse di soia (shoyu, tamari), molto salate, che si possono utilizzare per aromatizzare i cibi in piccole quantità; il miso (di orzo, di riso), un composto molto denso che va stemperato nelle minestre, nei risotti e nei cereali in chicco lessati e ne esalta il sapore; il tahin, la crema di semi di sesamo, che si utilizza anch'essa per condimenti e nella preparazione di alcuni piatti.

Esistono poi vari tipi di maionese vegetale, ottenute dai piselli e dalla soia, alcune sono aromatizzate con erbe e spezie e sono un valido sostituito della maionese tradizionale.

La margarina vegetale (controllare bene l'etichetta, deve riportare la dicitura "100% vegetale"!) può essere tranquillamente utilizzata al posto del burro per la preparazione di dolci, se il suo impiego risulta indispensabile, mentre per la cottura va preferito sempre l'olio extravergine di oliva. Per condire piatti freddi, può essere utilizzato invece l'olio di soia o di lino.

Per quelle preparazioni che richiedono l'uso di panna nella cottura, la panna di soia è un'ottima alternativa. Alcune cosiddette panne "vegetali" non sono tutte tali, quindi anche in questo caso si raccomanda di leggere con attenzione l'etichetta. Tutto quello che è denso e spalmabile potrebbe inoltre contenere molti grassi, del tipo dei grassi saturi (o transidrogenati, come le margarine), che sono dannosi per la salute. Consultate quindi sempre l'etichetta nutrizionale e fate un uso limitato di questi prodotti.

Seitan

Il seitan è un "sostituto" vegetale della carne, ottenuto dalla proteina del frumento, il glutine.

È quindi un cibo iperproteico a base di proteine che contengono aminoacidi solforati, che, come quelli della carne, acidificano l'organismo e provocano perdita di calcio dall'osso. Per questi 2 motivi, se ne sconsiglia un utilizzo frequente (massimo 2-3 volte alla settimana). Viene venduto in diverse preparazioni (panetti, spezzatino, wurstel, affettato, affumicato, aromatizzato con erbe) ed il suo utilizzo è quindi molto versatile, può essere usato al naturale, per secondi piatti e panini.

Tuttavia alcune preparazioni hanno un gusto molto simile a quello della carne, e per questo motivo molte persone non lo gradiscono, mentre per altre può essere d'aiuto nella transizione da un'alimentazione a base di carne.

Tempeh

Il tempeh è un prodotto molto gustoso, che si ricava dai fagioli di soia gialla fermentati. Eccellente fonte di proteine, viene venduto in differenti preparazioni (alla piastra già pronto, da cuocere).

Yogurt di soia

È un sostituto dello yogurt vaccino, derivato dal latte di soia. È disponibile anche in varianti aromatizzate, ed è un'ottima fonte di calcio, proteine, vitamine e minerali.

Tofu

Il tofu si ottiene cagliando il latte di soia, ed è disponibile in molte preparazioni (molle, bianco, affumicato, aromatizzato con erbe), quindi non demordete se quello che avete acquistato per primo non soddisfa il

vostro palato: ci sono così tante marche e varietà che sicuramente riuscirete a trovare quella adatta per voi! Non tutti i tipi di tofu possono essere poi consumati allo stato naturale, perché poco gustosi, ma diventano invece molto gradevoli quando aromatizzati con erbe o utilizzati per preparare condimenti. Il tofu bianco schiacciato, ad esempio, è un ottimo sostituto dell'uovo. Tutte le varietà morbide sono inoltre utilizzate per salse, dolci e dessert. Il tofu è una fonte eccellente di proteine, vitamine, ferro, calcio e altri minerali.

CPSIA information can be obtained
at www.ICGtesting.com
Printed in the USA
BVHW091535270521
608293BV00006B/1802